essentials

essentials liefern aktuelles Wissen in konzentrierter Form. Die Essenz dessen, worauf es als „State-of-the-Art" in der gegenwärtigen Fachdiskussion oder in der Praxis ankommt. *essentials* informieren schnell, unkompliziert und verständlich

- als Einführung in ein aktuelles Thema aus Ihrem Fachgebiet
- als Einstieg in ein für Sie noch unbekanntes Themenfeld
- als Einblick, um zum Thema mitreden zu können

Die Bücher in elektronischer und gedruckter Form bringen das Expertenwissen von Springer-Fachautoren kompakt zur Darstellung. Sie sind besonders für die Nutzung als eBook auf Tablet-PCs, eBook-Readern und Smartphones geeignet. *essentials:* Wissensbausteine aus den Wirtschafts-, Sozial- und Geisteswissenschaften, aus Technik und Naturwissenschaften sowie aus Medizin, Psychologie und Gesundheitsberufen. Von renommierten Autoren aller Springer-Verlagsmarken.

Weitere Bände in der Reihe http://www.springer.com/series/13088

Dietmar Goldammer

Die neue Wirtschaftlichkeit im Planungsbüro

Schnelleinstieg für Architekten und Bauingenieure

Dietmar Goldammer
Düsseldorf, Deutschland

ISSN 2197-6708 ISSN 2197-6716 (electronic)
essentials
ISBN 978-3-658-31133-9 ISBN 978-3-658-31134-6 (eBook)
https://doi.org/10.1007/978-3-658-31134-6

Die Deutsche Nationalbibliothek verzeichnet diese Publikation in der Deutschen Nationalbibliografie; detaillierte bibliografische Daten sind im Internet über http://dnb.d-nb.de abrufbar.

Planung/Lektorat: Karina Danulat
Springer Vieweg ist ein Imprint der eingetragenen Gesellschaft Springer Fachmedien Wiesbaden GmbH und ist ein Teil von Springer Nature.
Die Anschrift der Gesellschaft ist: Abraham-Lincoln-Str. 46, 65189 Wiesbaden, Germany

Was Sie in diesem *essential* finden können

- Hilfe bei der Kalkulation
- Erkennen von Werten
- Anregungen für Verhandlungen
- Vorschläge zur Organisation
- Überlegungen für die Zukunft

Inhaltsverzeichnis

1 Einführung 1

2 Kalkulation 3
   2.1 Stundensätze 3
   2.2 Vor- und Nachkalkulation 3
   2.3 Einflussgrößen 4

3 Professionell verhandeln 5
   3.1 Interne Organisation 5
   3.2 Indirekte Vorteile 5
   3.3 Wertewandel 6

4 Organisierte Abläufe 7
   4.1 Soll/Ist-Vergleich 7
   4.2 Internet-Auftritt 8
   4.3 Ansprechbarkeit 8

5 Vorbereitung auf die Zukunft – 25 Abfragen zur
(betriebswirtschaftlichen) Unternehmensführung 11

6 Ausblick 25

Einführung 1

Die Preisbindung der HOAI gibt es nicht mehr. Die Ingenieure[1] müssen sich neu aufstellen, und die Präsidenten von VBI sowie der Bundesingenieurkammer fordern ihre Mitglieder mit einem Appell auf, sich jetzt nicht auf einen ruinösen Preiswettbewerb einzulassen.

Es geht aber nicht nur um den Preis an sich. Sie sollten den Wegfall der Preisbindung zum Anlass nehmen, die Ziele und die Strategien Ihres Planungsbüros grundsätzlich zu überdenken. Dabei stellt sich die Frage, in welche Richtung sich die Branche entwickeln wird. Geht es mehr darum, dass die kleinen und mittleren Büros vom Markt verschwinden und stattdessen große Unternehmen den Markt beherrschen, wie z. B. in den skandinavischen Ländern, oder wird die berufliche Struktur der Planungsbüros erhalten bleiben – mit mehr Partnern als Angestellten nach dem Modell „Anwalt" (als Unternehmer im Unternehmen)?

Nicht vergessen sollte man zudem, dass die Planungsbüros als überaltert gelten und viele Inhaber auf die Suche nach einem Nachfolger gehen – oft mit wenig Erfolg. Dabei gibt es Hindernisse auf beiden Seiten. Die Übergebenden schieben die Entscheidung darüber immer wieder hinaus, weil sie befürchten, danach nicht zu wissen, was sie dann den ganzen Tag lang machen sollen, und die potenziellen Nachfolger haben oft kein Interesse mehr Unternehmer zu werden, sondern wollen lieber eine gute Work/Life-Balance. Auch deshalb könnte die neue Aufstellung ein wichtiger Anlass sein, das Unternehmen in neue Hände zu übergeben.

---

[1]Aus Gründen der besseren Lesbarkeit wird auf eine geschlechtsneutrale Differenzierung verzichtet. Entsprechende Begriffe gelten im Sinne der Gleichbehandlung grundsätzlich für beide Geschlechter. Die verkürzte Sprachform beinhaltet keine Wertung.

Ich habe auch noch nie verstanden, warum so viele Inhaber von Planungsbüros geglaubt haben, sie könnten nicht pleitegehen, wenn sie wenigstens die Mindestsätze der HOAI vereinbaren konnten. Das war auch bisher möglich, denn an den Projekten arbeiten oft mehrere Mitarbeiter mit unterschiedlichen Gehältern und Stundensätzen. Deshalb ist eine Vor- und Nachkalkulation immer schon erforderlich gewesen, und weil davon die Wirtschaftlichkeit der Projekte abhängt, beginnen wir die neue Aufstellung auch mit der Kalkulation.

Kalkulation 2

2.1 Stundensätze

Voraussetzung für die Kalkulation ist die konsequente und einheitlich definierte Zeiterfassung: nach Sollstunden, sozial bedingten Ausfallzeiten und betriebsbedingten Allgemeinzeiten. Wer das nicht macht, kann weder kalkulieren noch sich mit dem Durchschnitt der Branche vergleichen. Und er kann nicht mit individuellen Stundensätzen planen. Dabei hilft auch der Steuerberater nicht, denn der ist für die Vergangenheit zuständig und nicht für die Zukunft. Es gibt zahlreiche Beispiele dafür, dass ein Projekt deswegen negativ abgeschlossen wurde, weil mit dem Durchschnittssatz des Büros kalkuliert wurde und nicht mit den individuellen Stundensätzen der am Projekt beteiligten Mitarbeiter.

2.2 Vor- und Nachkalkulation

Ich plädiere dafür, dass sich die Verantwortlichen in den Planungsbüros daran gewöhnen, vor der Auftragsannahme zu kalkulieren, ob ein Projekt mit den voraussichtlichen Stunden und Stundensätzen für das Büro zumindest kostendeckend zu erwirtschaften ist, und auch mal eine Offerte ablehnen, wenn eine Kostendeckung nicht möglich erscheint.

© Der/die Herausgeber bzw. der/die Autor(en), exklusiv lizenziert durch
Springer Fachmedien Wiesbaden GmbH, ein Teil von Springer Nature 2020
D. Goldammer, *Die neue Wirtschaftlichkeit im Planungsbüro*, essentials,
https://doi.org/10.1007/978-3-658-31134-6_2

2.3   Einflussgrößen

Ganz wichtig ist es auch, dass die Mitarbeiter verstehen, wie die Kalkulation für ihr Projekt zustande kommt. Denn sonst können sie nicht wissen, dass sie das Zweieinhalb- bis Dreifache ihres Bruttolohns erwirtschaften müssen, damit ihr Unternehmen weiter existieren kann.

Das Personalmanagement hat als Faktor schon vorher an Bedeutung gewonnen und einen Schub bekommen: durch den Fachkräftemangel, der natürlich auch die Planungsbüros betrifft. Dadurch müssen sich auch diese Unternehmen etwas einfallen lassen im Wettbewerb um Mitarbeiter mit den großen Unternehmen. Dabei sind ihre Chancen im Vergleich zu anderen Branchen eigentlich sogar besser geworden. Denn die Generation Y, um die es jetzt insbesondere geht, ist nicht an schneller Karriere oder Dienstwagen interessiert, sondern an Selbstverantwortung und Homeoffice. Diese möglichen Vorteile müssen die Büros dann aber auch bei den Interessenten bekannt machen, u. a. im Internet, denn unter den bekanntesten 100 Unternehmen in Deutschland taucht kein Planungsbüro auf.

Vernachlässigt wurde in den Planungsbüros nach meiner Erfahrung auch die Situation mit den Freien Mitarbeiter, obwohl viele Büros zumindest zeitweise solche Partner beschäftigen. Das ist nicht ganz ungefährlich, denn Sie müssen aufpassen, dass die Freien Mitarbeiter nicht zu Scheinselbstständigen werden. Deshalb macht es Sinn, sich bei der Vertragsgestaltung von einem Fachanwalt beraten zu lassen. Da Selbstständige keine Mitarbeiter sind, sondern (interne) Partner, sind sie auch nicht arbeitsrechtlich gebunden, erfüllen aber für die Planungsbüros eine Puffersituation bei Auftragsspitzen oder ergänzen das im Büro fehlende Know-how. Aber auch das ist nur sinnvoll, wenn sie für das jeweilige Büro einen Beitrag zu den sonstigen Kosten erwirtschaften. Mangels dafür vorhandener Modelle empfehle ich Ihnen, bei der Planung des Einsatzes von Freien Mitarbeitern einen Zuschlag zu deren Kosten von 15 bis 20 %. Das entspricht etwa den sonstigen Kosten.

Professionell verhandeln 3

3.1 Interne Organisation

Nicht nur wegen des Appells der Präsidenten, sondern auch wegen der neuen Wettbewerbssituation müssen sich Planungsbüros auf ihre besonderen Fähigkeiten besinnen, wenn sie einen ausschließlichen Preiswettbewerb vermeiden wollen. Es beginnt damit, dass die Erfahrungen mit dem jeweils zur Diskussion stehenden Auftrag überzeugend dargestellt werden. Nur zu erklären, dass Sie etwas Ähnliches schon gemacht haben, reicht nicht.

Es geht weiter mit der guten Erreichbarkeit und offenen Ansprechbarkeit, die angeboten wird. Das müssen Sie dann aber auch beherzigen, denn sonst kann es schon beim zweiten Kontakt ein Problem geben, z. B. dann, wenn sich am Telefon keiner meldet oder nicht zurückgerufen wird. Und vergessen werden sollte bitte auch nicht, Partner zu erwähnen, wenn mit solchen bei der Auftragsabwicklung zusammengearbeitet wird.

3.2 Indirekte Vorteile

Ein indirekter Vorteil kann darin bestehen, dass das Büro über einen für dieses Projekt günstigen Standort verfügt und einen hohen Bekanntheitsgrad aufweisen kann. Für manche Büros ist das so wichtig, dass sie den Namen des Gründers auch dann noch als Firmennamen nutzen, wenn dieser schon nicht mehr lebt.

Ein indirekter Vorteil kann auch darin bestehen, dass Sie jemand kennen, der Ihnen Ratschläge für die Verhandlung geben kann, ohne dass Sie ihn erwähnen. So kann es beispielsweise sein, dass der potenzielle Auftraggeber mehr Wert auf die Betreuung und die Kosteneinhaltung legt als auf den niedrigsten Preis.

© Der/die Herausgeber bzw. der/die Autor(en), exklusiv lizenziert durch
Springer Fachmedien Wiesbaden GmbH, ein Teil von Springer Nature 2020
D. Goldammer, *Die neue Wirtschaftlichkeit im Planungsbüro,* essentials,
https://doi.org/10.1007/978-3-658-31134-6_3

3.3   Wertewandel

Schließlich gibt es ein zwar nicht mehr ganz neues, aber umso wichtigeres Kriterium für die Vertragsverhandlungen – und das ist der Wertewandel. Immer mehr Unternehmen, besonders die größeren, verpflichten sich, nicht nur gesetzliche Vorschriften einzuhalten, sondern auch darüber hinausgehende (freiwillige) Gebote einzuhalten. Sie entwickeln einen Kodex, der auch für die Mitarbeiter gilt und veröffentlichen ihr daraus entwickeltes Unternehmensleitbild im Internet. Verständlicherweise achten diese Unternehmen auch darauf, dass ihre Auftragnehmer sich ebenso verhalten, und das zwingt auch die Planungsbüros zur Werteorientierung, denn sonst bekommen sie keine Aufträge mehr.

Wenn die Mitbewerber für einen Auftrag dies noch nicht einplanen, könnte das Kriterium alleine bewirken, dass ein Auftrag zustande kommt. Und wenn Sie dann noch herausgefunden haben, was die Stärken und Schwächen der anderen Wettbewerber im Vergleich zu Ihnen selber sind, welches Alleinstellungsmerkmal (USP) Sie im Vergleich zu anderen haben, dann können Sie getrost und gut vorbereitet in die Verhandlungen gehen.

Organisierte Abläufe 4

4.1 Soll/Ist-Vergleich

Es gibt schon etwas länger den Anspruch: Ingenieure müssen neben der technischen, auch die Verantwortung für den wirtschaftlichen Erfolg ihrer Projekte übernehmen, die durch den Wegfall der Preisbindung besonders wichtig geworden ist. Dahinter steht auch die Erkenntnis, dass die Mitarbeiter selbstständiger werden müssen. So kann auch in einem kleinen Büro mit z. B. zehn Mitarbeitern der Inhaber nicht gleichzeitig bei allen Projekten der Projektleiter sein, sondern das müssen auch immer häufiger die Mitarbeiter leisten. Das können diese aber nur machen, wenn sie auch über entsprechende Kontrollinstrumente verfügen. Deshalb kommen heute auch kleine und mittlere Büros nicht mehr ohne eine branchenspezifische Software für das Controlling aus, die den Projektleiter rechtzeitig (möglichst täglich) darauf aufmerksam macht, wenn sein Projekt kostenmäßig aus dem Ruder zu laufen droht, und zwar während der Projektbearbeitung, nicht erst dann, wenn das Projekt abgeschlossen und daran nichts mehr zu ändern ist.

Diesen Trend zur Selbstständigkeit kann man auch in anderen Branchen, und hier insbesondere bei größeren Unternehmen beobachten, die für die betreffenden Mitarbeiter eine Art Start-up-Situation innerhalb des Unternehmens organisieren. Hinzu kommt – gewissermaßen als Nebenprodukt –, dass die personellen Ressourcen besser geplant werden können und auch der Aufwand für besondere Leistungen oder Änderungswünsche der Auftraggeber deutlich wird. Wenn Sie schließlich wissen wollen, ob Ihr eigenes Unternehmen wirtschaftlich arbeitet, dann sollten Sie den Vergleich mit dem Durchschnitt der Branche

© Der/die Herausgeber bzw. der/die Autor(en), exklusiv lizenziert durch Springer Fachmedien Wiesbaden GmbH, ein Teil von Springer Nature 2020
D. Goldammer, *Die neue Wirtschaftlichkeit im Planungsbüro*, essentials,
https://doi.org/10.1007/978-3-658-31134-6_4

ziehen, der von den Verbänden i. d. R. jährlich veröffentlicht wird. Dabei geht es um die wichtigsten Kennzahlen wie Umsatz pro Mitarbeiter, Gemeinkostenfaktor, Projektstundenanteil und Umsatzrendite.

4.2   Internet-Auftritt

Ebenso wichtig wie die Software für das Controlling ist bei der betriebswirtschaftlichen Aufstellung der Planungsbüros der Internet-Auftritt. Wenn man sich im Internet bewegt und auf diese Weise interessante Planungsbüros kennenlernen möchte, dann gibt es zwar viele gut gemachte Beispiele, aber leider eben auch weniger gelungene. Letztere entstehen im Wesentlichen aus folgenden Gründen: Erstens, aus falsch verstandener Sparsamkeit wird die Gestaltung ohne professionelle Begleitung z. B. durch einen Internet-Provider gemacht. Zweitens passiert es immer wieder, dass niemand an die Aktualisierung denkt und z. B. Termine erwähnt werden, die schon längst vorbei sind, und es wird der gleiche Text, der im Flyer (Unternehmensportrait) auf Papier abgedruckt ist, verwendet. Besonders das wirkt betriebswirtschaftlich unprofessionell. Ein dritter Fehler besteht darin, dass zu viel geschrieben wird. Der Internet-Auftritt ist doch keine Jubiläumsschrift! Manchmal muss man außerdem lange suchen, bis man die Post-Adresse, die Telefonnummer, die E-Mail-Adresse oder einen Ansprechpartner findet. Auch dabei gibt es Nebenzwecke: Z. B. könnte das Interesse von potenziellen Mitarbeitern durch den Klick auf „Karriere" gefördert werden. Auch an diesem Beispiel zeigt sich, dass das Bekommen und Behalten von Mitarbeitern in Zeiten des Fachkräftemangels genauso wichtig ist wie das Bekommen und Behalten von Kunden. Schließlich sollte überlegt werden, welches Stichwort (Suchbegriff) für die Internet-Suche potenziellen Kunden am ehesten auffällt und was einen von anderen Büros unterscheidet.

4.3   Ansprechbarkeit

Erreichbarkeit oder besser Ansprechbarkeit ist sehr wichtig und ein großer Pluspunkt in einer Zeit, in der es üblich geworden ist, dass große Unternehmen in anderen Branchen ihre Anrufer in einer Warteschlange am Telefon stehen lassen. Da ist es geradezu eine Wohltat, wenn man im Planungsbüro jemand direkt erreicht – und zwar einen Menschen, nicht eine Maschine bzw. Anrufbeantworter!

Leider gibt es auch bei manchen Planungsbüros sog. „Telefonsünden", z. B. es nimmt zwar jemand das Gespräch an, aber der betreffende Kollege, den der Anrufer sprechen möchte, ist auf einer Baustelle und der versprochene Rückruf wird dann vergessen. Oder man ruft als Kunde am Freitagnachmittag an, aber es meldet sich niemand, weil im Büro bereits Feierabend ist. Oder es ruft ein verärgerter Kunde an, der landet bei einer Sekretärin und beschimpft sie, obwohl diese gar nichts dafür kann. Aber leider hat sie niemand fortgebildet, wie man sich in einem solchen Fall verhalten sollte. Oder ein Mitarbeiter des Büros ruft bei einem potenziellen Kunden an und ist nicht auf die typische Eingangsfrage vorbereitet: „Um was geht es denn?"

Ich sehe den Vorteil der Planungsbüros beim Wettbewerb um Aufträge nicht so stark in der Vormachtstellung bei einer gewissen Größe, sondern darin, dass sie schnell und anpassungsfähig sind. Vielleicht ist zwischenzeitlich auch die Erkenntnis dafür gewachsen, dass es bei der betriebswirtschaftlichen Ausrichtung der Büros nicht nur um den Preis geht. Alles zusammen betrachtet, wird dies hoffentlich auch Sie als Leser dazu animieren, über die Geschäftsabläufe nachzudenken. Und damit dabei nichts vergessen wird, folgen meine 25 Abfragen zur (betriebswirtschaftlichen) Unternehmensführung in Kap. 5.

Vorbereitung auf die Zukunft – 25 Abfragen zur (betriebswirtschaftlichen) Unternehmensführung

5

Ingenieure und Architekten bereiten sich auf ihre Zukunft vor

- Die Perspektiven (Was werden wir in fünf Jahren machen?)
- Die neue Marksituation (Wie wird sich unser Markt verändern?)
- Das Unternehmensziel (Welches Ziel wollen wir anstreben?)
- Die Werteorientierung (Welche Verhaltensgrundsätze sollen für uns gelten?)
- Die Strategie (Wie sollen wir uns positionieren?)
- Der Einzugsbereich (Wo wollen wir künftig tätig werden?)
- Das Leistungsspektrum (Was sollen wir anbieten?)
- Die Stärken und Schwächen (Was müssen wir besser machen?)
- Die Kundenstruktur (Wie werden wir mehr kundenorientiert?)
- Die Konkurrenzanalyse (Wie gut kennen wir unsere Wettbewerber?)
- Die Akquisition (Wie müssen wir künftig unsere Aufträge beschaffen?)
- Das Beziehungsnetzwerk (Beziehungen schaden nur dem, der sie nicht hat!)
- Die interne Organisation (Wie sollen wir uns aufstellen?)
- Das Controlling-System (Wie kalkulieren und kontrollieren wir unsere Leistungen?)
- Das Qualitäts-Management-System (Brauchen wir ein QMS?)
- Die Mitarbeiterführung (Wie bekommen wir in Zukunft qualifizierte Mitarbeiter?)
- Die Finanzierung (Brauchen wir in Zukunft mehr Kapital?)
- Das Forderungsmanagement (Wie bekommen wir mehr Liquidität?)
- Die Partner (Welche Partner brauchen wir in Zukunft?)

- Die Zusammenarbeit mit Partnern (Was müssen wir beachten?)
- Die Messgrößen (Wie können wir uns mit anderen Büros vergleichen?)
- Die Unternehmensplanung (Welchen Plan brauchen wir?)
- Das neue Geschäftsfeld (Wie kommen wir auf eine neue Betätigung?)
- Die Unternehmensfortführung (Wann müssen wir über eine Nachfolge nachdenken?)
- Chancen und Risiken (Welche Entwicklungen könnten uns beeinflussen?)

Die Perspektiven (Was werden wir in fünf Jahren machen?)
Trends

- Sparsamer Umgang mit Energie
- Umweltschonendes Bauen
- Demografischer Wandel
- Förderung von Sanierung, Renovierung und Verkehrsinfrastruktur
- Lebenszyklus- statt investitionsorientiertes Planen
- Zunahme der Public-Private-Partnership-Projekte
- Prozess- und Partnerorientierung
- Nachhaltiges Bauen

… und die Reaktionen

- Erwerb von Zusatzqualifikationen
- Erschließung neuer Betätigungsfelder
- Nutzung öffentlicher Fördermaßnahmen
- Ausbau der Kommunikations- und Kooperationsfähigkeit
- Engagement beim Betrieb von Gebäuden und Anlagen (Facility Management)
- Planen und Bauen im Bestand
- Betriebswirtschaftliches Denken und Handeln

Die neue Marktsituation (Wie wird sich unser Markt verändern?)

- Die Kunden suchen keine Produkte, sondern (individuelle) Problemlösungen.
- Sie sind besser informiert und damit anspruchsvoller geworden.
- Architekten und Ingenieure müssen bereits bei der Planung darauf achten, dass auch die nachfolgenden Betriebskosten mit möglichst geringer Beeinträchtigung der Umwelt entstehen.
- Komplexere Bauvorhaben bewirken neue Formen der Zusammenarbeit.
- Kooperations- und Kommunikationsfähigkeit werden den Erfolg stärker beeinflussen als das Fachwissen.
- Der Umgang mit den Kunden wird zum strategischen Differenzierungsmerkmal. Dafür müssen wir als Planer die Kunden exzellent kennen und möglichst auch deren Kunden, um die beste Problemlösung zu bieten.
- Es reicht nicht mehr, technisch gut zu sein; Planer müssen auch die Verantwortung für den wirtschaftlichen Erfolg ihrer Projekte übernehmen.

Das Unternehmensziel (Welches Ziel wollen wir anstreben?)

- In x Jahren y Prozent mehr Umsatz erzielen zu wollen, ist kein Unternehmensziel, sondern allenfalls das Ergebnis davon.
- Das Unternehmensziel erklärt die Rahmenbedingungen, die für das Unternehmen gelten sollen, z. B.:
  - Als unabhängig beratende Ingenieure sind wir für unsere Auftraggeber der „Ingenieur des Vertrauens" und damit auch ihr kritischer Ratgeber.
  - Wir wollen zufriedene Kunden haben und von unseren Wettbewerbern als fairer Konkurrent wahrgenommen werden.
  - Unser Ziel ist es nicht, das größte, sondern das qualitativ beste Ingenieurberatungsunternehmen in unserem räumlichen und fachlichen Umfeld zu sein.
  - Im Internet werden wir folgendes Unternehmensleitbild bekannt machen: …

Das Unternehmensleitbild

- Wir sind als Ingenieurunternehmen auf den Gebieten … tätig. Unser Unternehmens ist … in … gegründet worden und verfügt über weitere Geschäftsstellen in …
- Unser Ziel ist es, … als wirtschaftlich erfolgreiches Unternehmen weiterzuentwickeln.
- Unsere Kunden sind Kommunen, Verbände, Industriebetriebe … Ihre unterschiedlichen Anforderungen stehen im Mittelpunkt unsere Arbeit.
- Unsere Mitarbeiter sind unsere wichtigste Ressource. Wir sehen die Delegation von Verantwortung als wesentliche Grundlage für Verständnis von Führung und Mitarbeit an.
- Für uns haben Sicherheit, Umwelt und Qualität in allen Belangen Vorrang.
- Unsere Partner sind anerkannte Experten, die mit uns gemeinsam im Team an der jeweiligen Problemlösung arbeiten.
- Das Verhältnis zu unseren Mitbewerbern ist fair und korrekt.
- Wir verstehen uns als Partner in einem Wirtschaftsbereich, in dem es darum geht, durch Beratung, Planung und Bauleitung zum technischen und wirtschaftlichen Erfolg von Bauwerken beizutragen.

Die Werteorientierung (Welche Verhaltensgrundsätze sollen für uns gelten?)

- Es gibt einen neuen „weichen" Erfolgsfaktor – auch für die Planungsbüros – und der heißt „Werteorientierung".
- Gerade wenn Dienstleistungen sich in Qualität und Preis kaum unterscheiden, schlägt die Stunde der Werte.
- Immer mehr Planungsbüros erkennen diesen Trend und bekennen sich zu ihren Grundsätzen, die sie auch im Internet veröffentlichen.
- Und immer mehr erkennen auch, dass sie die Wertestandards ihrer Auftraggeber kennen müssen, um erfolgreich zu sein.
- Das Ergebnis ist eine Partnerschaft, die beiden Interessen gerecht wird.

Die Strategie (Wie sollen wir uns positionieren?)
Was ist eine Strategie?

Strategie ist die Antwort auf die Frage:

- Was wollen wir
- Wo
- Wem verkaufen?

Der Einzugsbereich (Wo wollen wir künftig tätig werden?)

- Der Einzugsbereich ist das Gebiet, in dem das Planungsbüro tätig sein möchte.
- Bei der Unternehmensgründung ist dieses Gebiet bisweilen mit dem Zirkel abgerundet worden.
- Wenn der Wettbewerb in diesem Gebiet zu groß wird, dann müssen die Grenzen erweitert werden.
- Einige Büros werden auch deshalb außerhalb des Stammgebietes tätig, weil sie Kunden haben, die mit ihnen auch an anderen Standorten zusammenarbeiten möchten.
- Und Planungsbüros, die eine spezielle Dienstleistung anbieten (zum Beispiel für bestimmte Objekte), müssen von vornherein ein größeres Gebiet für ihre Betätigung abstecken.
- Aber ins Ausland „wagen" sich nur wenige deutsche Planungsbüros

Das Leistungsspektrum (Was sollen wir anbieten?)

- Architektur
- Akustik und Thermische Bauphysik
- Elektrotechnik
- Geotechnik
- Gesamtbewertung und Generalplanung
- Konstruktiver Ingenieurbau
- Naturwissenschaften

- Öffentlich bestellte und vereidigte Sachverständige
- Verkehr
- Vermessung
- Wasser-und Entsorgungswirtschaft
- Projektentwicklung
- Projektsteuerung
- Bauleitung
- Projektmanagement
- Zusatzqualifikationen (zum Beispiel als SiGeKo oder Gutachter für Schall- und Wärmeschutz)
- Projekt- und Facility-Management
- Technische Ausrüstung

Die Stärken und Schwächen (Was müssen wir besser machen?)

Was können sie gut?	Was könnten sie besser machen?
Ohne Kapital auskommen	Auf das äußere Erscheinungsbild achten
Sich als Team darstellen	Neue Betätigungsfelder erschließen
Einen kaufmännischen „Wasserkopf" vermeiden	Sich für neue Mitarbeiter präsentieren
Flexibel reagieren	Kalkulieren
Technisches Know-how nachweisen	Für sich selbst planen
Mitarbeiter integrieren	Kunden pflegen
Unabhängigkeit beweisen	Konkurrenz beobachten
Tradition fortsetzen	Marketing betreiben
Kooperationen eingehen	Mitarbeiter führen und entwickeln
Umgang miteinander pflegen	Wirtschaften
(Überwiegend) Ansprechbarkeit organisieren	An Morgen denken
Kontakte nutzen	

Die Kundenstruktur (Wie werden wir mehr kundenorientiert?)

- Kundenberichtswesen
- Kundenportfolio
- Kundenanalyse
- ABC-Analyse
- Kundenbewertung
- Kundennutzen
- Kundenpflegekonzept

Das Wissen über die Kunden

- Es beginnt mit dem richtig geschriebenen Namen und dem Titel.
- Wer ist unser Ansprechpartner und wer ist Entscheidungsträger?
- Wie viel Aufträge hat er uns schon erteilt?
- Kennen wir den Wert des Kunden?
- Wie lange arbeiten wir schon mit ihm zusammen?
- Gibt es einen bestimmten Planungszyklus?
- Mit welchen Planungsbüros arbeitet er außerdem zusammen?
- Wann wurde der letzte Auftrag erteilt?
- Welche Erwartungshaltungen hat der Kunde?
- Ist der Kunde als Multiplikator ansprechbar?
- Welchen Einfluss hat er in seiner Branche?
- Wer sind die Kunden unserer Kunden?
- Gibt es Tendenzen für einen Wandel?

Die Konkurrenzanalyse (Wie gut kennen wir unsere Wettbewerber?)

- Kennen Sie Ihre Konkurrenten?
- Kennen Sie das Leistungsspektrum?
- Kennen Sie den Einzugsbereich?
- Wissen Sie, was diese Konkurrenten besser können?
- Kennen Sie Ihre Vorteile gegenüber den Konkurrenten?
- Kennen Sie die wichtigsten Kunden der Wettbewerber?
- Kennen Sie die Promotoren und Entscheidungsträger?
- Wissen Sie, mit welchen Partnern Ihre Konkurrenten zusammen arbeiten?

- Wissen Sie, ob diese Konkurrenten bestimmte Beziehungen haben?
- Ist Ihnen die wirtschaftliche Situation bekannt?
- Kennen Sie die Marketingaktivitäten der Mitbewerber?
- Können Sie sich auch ein gemeinsames Vorgehen mit bestimmten Konkurrenten vorstellen?

Die Akquisition (Wie müssen wir künftig unsere Aufträge beschaffen?)

- Professionelle Selbstdarstellung
- Richtige Ansprache (Entscheidungsträger, Ansprechpartner oder Sekretärin)
- Individuelle Bewerbungsbriefe
- Zielgenaue Angebote
- Flexibilität, Erreichbarkeit, Ansprechbarkeit
- Perfekt Kommunizieren
- Wer ist für die Akquisition zuständig?

Das Beziehungsnetzwerk (Beziehungen schaden nur dem, der sie nicht hat)

- Das Pius-Netzwerk Deutschland, Haufe BC oder das Online-Netzwerk xing.com sind professionelle Organisationen für berufliche Beziehungen,
- aber auch Berufsverbände, Kammern, Brauchtumsvereinigungen, Rotary und Lions Clubs
- oder Vereinsmitglieder, Nachbarn und Studienfreunde.
- Sie ermöglichen Kontakte für Aufträge, Jobs und Informationen.
- Beziehungsmanagement lebt vom Geben und Nehmen und wird aufgebaut, bevor man es braucht.
- Erfolgreiche Networker gehen jederzeit aktiv auf andere Menschen zu, z. B. bei Messen sowie Kongressen, und sie lesen die wichtigen Fachzeitschriften.
- Sie gehören wenigstens einem oder zwei Berufsverbänden an und betreiben Networking im Internet.
- Networker haben wenigstens eine halbe Stunde am Tag Zeit für die Beziehungspflege und sie halten ihre Versprechungen ein.

Die interne Organisation (Wie sollen wir uns aufstellen?)

- In vielen Planungsbüros gibt es keine interne Organisation, weil der Chef meint, die Zusammenarbeit müsse auch ohne Regulierungen funktionieren.
- Diese Laissez-faire-Haltung erscheint auf den ersten Blick mitarbeiterorientiert, aber das stimmt nicht.
- Auch in kleineren Unternehmen muss es Rahmenbedingungen geben, an die sich alle halten.
- Es muss klar sein, wer für was zuständig und damit verantwortlich ist.
- Die Mitarbeiter müssen „Messlatten" für ihre Arbeit haben, mit deren Hilfe sie sich selbst kontrollieren können.
- Die Kunden wünschen sich einen kompetenten Ansprechpartner für ihr Projekt, das kann gar nicht immer der Chef sein, aber er muss seine Mannschaft regelmäßig informieren und sie manchmal auch mal loben.

Das Controlling-System (Wie kalkulieren und kontrollieren wir unsere Leistungen?)

- Es beginnt mit der aktuellen und einheitlich definierten Zeiterfassung.
- Mithilfe einer branchengerechten Standard-Software kann der Projektleiter rechtzeitig erkennen, ob sein Projekt (kostenmäßig) aus dem Ruder zu laufen droht.
- Kalkuliert wird mit individuellen Stundensätzen. Dafür sind das Bruttogehalt und der durchschnittliche Projektstundenanteil des betreffenden Mitarbeiters entscheidend.
- Die Personalkosten betragen im Durchschnitt knapp zwei Drittel der Gesamtkosten.
- Wenn Sie mehrere Fachgebiete anbieten, dann brauchen Sie eine Deckungsbeitragsrechnung.
- Wenn Sie wissen wollen, wie wirtschaftlich Sie arbeiten, dann vergleichen Sie sich mit den durchschnittlichen Kennzahlen der Branche.

Das Qualitäts-Management-System (Brauchen wir ein QMS?)

- Die Bemühungen zur Einführung eines Qualitäts-Management-Systems sind schon ziemlich alt, auch in den Planungsbüros.
- Die Kammern haben sich dieser Sache angenommen und Anregungen vermittelt.
- Doch dann ist es ziemlich ruhig geworden um dieses Thema, manche haben viel Zeit und Geld dafür investiert, ohne dass bei den Mitarbeitern die erforderliche Akzeptanz ankam.
- Jetzt wird dieses Thema wieder aktuell, aber aus zwei unterschiedlichen Gründen:
- Die QM-Elemente sind immer noch dieselben, aber während die einen (vorwiegend größere Unternehmen) dieses Instrument für die Bewerbung in VOF-Verfahren benötigen, wollen die kleineren dadurch ihre Performance verbessern, und beides ist sinnvoll.

Die Mitarbeiterführung (Wie bekommen wir in Zukunft qualifizierte Mitarbeiter?)

- Fast zwei Drittel der Kosten eines Planungsbüros sind Personalkosten.
- Deshalb steht und fällt der Erfolg eines Büros mit der effizienten Nutzung dieser wichtigsten Ressource, und diese wird immer knapper.
- Von „alleine" funktioniert das nicht und mit dauernden Zurechtweisungen ohne Zielvereinbarungen auch nicht.
- Auch die Mitarbeiter Ihres Planungsbüros haben Anspruch auf „Messlatten" für die Qualität und Quantität ihrer Arbeit.
- Mit einem mittleren Bruttogehalt können die Planungsbüros heute kaum noch Mitarbeiter anlocken.
- Die immaterielle Entlohnung wird immer wichtiger, das gilt insbesondere für die Familienfreundlichkeit sowie Verantwortung und Selbstständigkeit, und
- die Planungsbüros müssen dafür sorgen, dass sie von den Kandidaten im Internet gefunden werden.

Die Finanzierung (Brauchen wir in Zukunft mehr Kapital?)

- Bankkredit
- Fördermittel
- Forderungsverkauf
- Kreditlinie
- Lieferantenkredit
- Mittelständische Beteiligungsgesellschaft
- Bürgschaftsbanken der Länder
- Leasing
- Schwarmfinanzierung
- Mitarbeiterbeteiligung

Das Forderungsmanagement (Wie bekommen wir mehr Liquidität?)

- Im Durchschnitt hat die Branche rd. 15 % des Jahresumsatzes als Außenstände.
- In Einzelfällen liegt dieser Prozentsatz viel höher und bezieht sich auf wenige Schuldner.
- Bereits der Durchschnitt entspricht dem Aufwand für drei Jahresgehälter.
- Hinzu kommt noch eine Vorfinanzierung von Mieten, Gehältern und Fremdleistungen.
- Deshalb ist in vielen Büros der Aufbau eines Forderungsmanagements erforderlich.
- Mit den üblichen Methoden von Mahnung, Anwalt, Prozess wird das aber nicht gehen.
- Seien Sie höflich am Telefon und denken Sie daran, dass nicht alle Kunden schlechte Zahler sind, oft sind es sogar die öffentlichen Auftraggeber.
- Und vielleicht hilft Ihnen aber sogar ein Inkasso-Unternehmen.

Die Partner (Welche Partner brauchen wir in Zukunft?)

Interne Partner	Fachpartner
Freie Mitarbeiter	Architekten
Unterauftragnehmer	Fachplaner
	Projektsteuerer
System-Partner	**Public Private Partner**
Steuerberater	
Software-Hersteller	
Unternehmensberater	
Versicherungsmakler	
Fachanwälte	

Die Zusammenarbeit mit Partnern (Was müssen wir beachten?)

- Das Know-how wird um das des Partners erweitert.
- Man bekommt Zugang zu neuen Kunden und Netzwerken.
- Es ergeben sich Anregungen für neue Organisationen.
- Förderprogramme des Bundeswirtschaftsministeriums (für Forschungs- und Entwicklungs-Projekte, Pro Inno II) und der EU (für europäische Partnerschaften, Eureka) können genutzt werden.
- Jeder Partner muss einen Teil seiner Selbstständigkeit aufgeben.
- Die jeweiligen Mitarbeiter müssen einbezogen werden.
- Regelmäßige Kommunikation ist Pflicht.
- Spezielle Gesellschaftsgründungen sind nicht erforderlich.
- Aber klare Absprachen über Zuständigkeiten.
- Und die Chemie muss stimmen.

Die Messgrößen (Wie können wir uns mit anderen Büros vergleichen?)

Umsatz pro Mitarbeiter	Gesamtstunden pro Mitarbeiter
Offene Forderungen	Sozialbedingte Ausfallzeiten
Anzahl Angebote pro Auftrag	Betriebsbedingte Allgemeinzeiten
Auftragsbestand (in Monaten)	Projektstunden pro Mitarbeiter
Anteil Personalkosten (an Gesamtkosten)	Bürostundensatz
Anteil Freie Mitarbeiter und Subs	Fluktuationsrate
Anteil Sachkosten	Deckungsbeitrag der Fremdleister
Anteil kaufmännische Mitarbeiter	Arbeitsproduktivität der Mitarbeiter
Personalkosten pro Mitarbeiter	Umsatzrendite

Die Unternehmensplanung (Welchen Plan brauchen wir?)

Businessplan	Masterplan
Umsatzplanung	Einflusskriterien (z. B. Markt, Wettbewerb)
Kostenplanung	Szenarien (A, B, C)
Personalplanung	Maßnahmen
Investitionsplanung	
Ergebnisplanung	

Das neue Geschäftsfeld (Wie kommen wir auf eine neue Betätigung?)

Stärken/Schwächen-Analyse	Kompetenzen
Innovationsansatz	Marktpotenzial
Alleinstellungsmerkmal (USP)	Deckungsbeitrag der bisherigen Fachgebiete
Zielgruppe	Konkurrenz

Personelle u. organisatorische Voraussetzungen	Chancen und Risiken
Partner	Strategie
Marketingkonzeption	Controlling
Planerfolgsrechnung	

Die Unternehmensfortführung (Wann müssen wir über eine Nachfolge nachdenken?)

- Entscheiden Sie sich für den oder die Nachfolger.
- Beginnen Sie rechtzeitig, möglichst 3 bis 5 Jahre vor der geplanten Übergabe, mit den Vorbereitungen.
- Es gibt vier Möglichkeiten: Familie, Mitarbeiter, externer Ingenieur bzw. Architekt oder ein anderes Unternehmen.
- Der Unternehmenswert entspricht oft nicht dem Kaufpreis.
- Bekanntheitsgrad, Mitarbeiterqualifikation, Stammkunden oder auch der Standort sind bei der Kaufpreisfindung zu berücksichtigen.
- Wichtig ist schließlich die Regelung der Übergangszeit.

Chancen und Risiken (Welche Entwicklungen könnten uns beeinflussen?)

- Stärkere Teilhabe der Bürger an der Planung und Durchführung von Investitionsvorhaben
- Wachsende Kritik an Plankostenüberschreitungen
- Veränderung der Rahmenbedingungen
- Individuelle Risiken (z. B. Prüfingenieure)
- Technische Ausrüstung
- Neue Partnerschaften

Fazit: Werden Sie eine lernende Organisation!

Ausblick 6

Bei der Beantwortung der vorstehenden Fragen werden Sie bereits festgestellt haben, dass es hier nicht nur um ein anderes Preis-/Leistungsverhältnis geht, und Sie mit Hilfe von ein paar neuen Kennzahlen so weitermachen können wie bisher. Es geht um die neue betriebswirtschaftliche Aufstellung der Planungsbüros. Man könnte das auch als Check-up für das Unternehmen bezeichnen, ähnlich wie der Check-up für die Gesundheit eines Menschen.

Auch die Ingenieure und Architekten brauchen neue Ideen. diejenigen von zwei Architekten führe ich als Beispiele an: Der eine will die verlassenen Dörfer wiederbeleben, der andere will mehr in die Höhe bauen, um Platz zu sparen. Und auch die Bürgerinitiativen in den sich neu entwickelnden (alten) Stadtteilen brauchen die Hilfe der Architekten und Ingenieure.

Anregungen kommen auch von den Kammern und Verbänden. So haben BAK und BIngK eine gemeinsame Empfehlung zur Vergabe von Planungsleistungen herausgegeben. Und ein Arbeitskreis der Bayerischen Ingenieurekammer kommt zu dem Ergebnis, dass in 15 Jahren nur noch etwa 30 % der Ingenieure übrig bleiben könnten.

Manche erfolgreichen Planungsbüros brauchen offenbar einen Schubs, um sich auch ins Ausland zu wagen. Das machen bisher nur wenige. Wussten Sie schon, dass Rio de Janeiro von der Weltkulturbehörde Unesco zur Welthauptstadt der Architektur 2020 erklärt wurde? Das könnte für einige doch ein Anlass sein, auch einmal den Schritt in das Ausland zu machen. Vielleicht stoßen Sie dabei ja auch auf die Organisation „Ingenieure ohne Grenzen", deren Aufgabe es ist, die Menschen in anderen Ländern bei der Zusammenarbeit zu unterstützen.

© Der/die Herausgeber bzw. der/die Autor(en), exklusiv lizenziert durch 25
Springer Fachmedien Wiesbaden GmbH, ein Teil von Springer Nature 2020
D. Goldammer, *Die neue Wirtschaftlichkeit im Planungsbüro,* essentials,
https://doi.org/10.1007/978-3-658-31134-6_6

Unsere Gesellschaft erwartet von den Architekten und Ingenieuren, dass sie sich mit ihrem anerkannt guten Ruf für die Zukunft engagieren. Dazu möchte ich abschließend meine Leser noch mit folgenden zehn Stichworten animieren:

Das Gespräch an einem Freitagnachmittag
„Herausforderungen der Architekten und Ingenieure in unserer Gesellschaft; was könnte Ihr Beitrag sein?"

- Demografischer Wandel,
- bezahlbare Wohnungen,
- Immobilienboom als Chance,
- neue Ideen für das Leben auf dem Land,
- attraktive Stadtteile,
- neue Baugebiete auf alten Grundstücken,
- Investoren als Auftraggeber,
- Renovierung des Wohnungsbestandes,
- Verbesserung der Infrastruktur,
- Spagat zwischen Baukultur, Ökologie und Ökonomie.

Was Sie aus diesem *essential* mitnehmen können

- Angebotsgestaltung der Aufträge
- Regeln für die Kommunikation
- Möglichkeiten zur Selbstdarstellung
- 25 Antworten auf die wichtigsten Fragen

D. Goldammer, *Die neue Wirtschaftlichkeit im Planungsbüro*, essentials,
https://doi.org/10.1007/978-3-658-31134-6

springer-vieweg.de

Dietmar Goldammer

Wirtschaftliche Unternehmensführung im Architektur- und Ingenieurbüro

Rechtsform – Personalpolitik – Controlling – Unternehmensplanung

2. Auflage

EBOOK INSIDE

Springer Vieweg

Jetzt im Springer-Shop bestellen:
springer.com/978-3-658-24802-4